中国公共气象服务白皮书

2015

中国公共气象服务

中国气象局

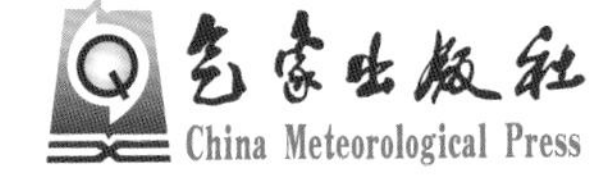

图书在版编目(CIP)数据

中国公共气象服务(2015) / 中国气象局编. --北京：气象出版社，2016.9

ISBN 978-7-5029-6433-7

Ⅰ.①2… Ⅱ.①中… Ⅲ.①气象服务-白皮书-中国-2015 Ⅳ.①P451

中国版本图书馆 CIP 数据核字(2016)第 226898 号

出版发行:气象出版社

地　　址:北京市海淀区中关村南大街 46 号　　**邮政编码**:100081

电　　话:010-68407112(总编室)　010-68409198(发行部)

网　　址:http://www.qxcbs.com　　**E-mail**: qxcbs@cma.gov.cn

责任编辑:张锐锐　王凌霄　　**终　　审**:邵俊年

责任校对:王丽梅　　**责任技编**:赵相宁

封面设计:有　田

印　　刷:北京地大天成印务有限公司

开　　本:700 mm×1000 mm　1/16　　**印　　张**:3.5

字　　数:62 千字

版　　次:2016 年 9 月第 1 版　　**印　　次**:2016 年 9 月第 1 次印刷

定　　价:18.00 元

本书如存在文字不清、漏印以及缺页、倒页、脱页等，请与本社发行部联系调换

前　　言

公共气象服务是中国政府公共服务和国家防灾减灾体系的重要组成部分，是利用公共气象资源向政府决策部门、各行各业和全社会提供公益性气象服务的社会生产活动。

2015年是“十二五”收官之年。中国各级气象部门继续坚持公共气象服务的发展方向，坚持面向民生、面向生产、面向决策，努力提升气象服务能力，把保护人民生命财产安全以及为国民经济建设和国防建设服务作为气象服务的根本宗旨，在“政府主导、适应需求、覆盖城乡”的中国特色公共气象服务体系框架下，突出创新驱动，拓展服务领域，在国家防灾减灾、应对气候变化、经济社会发展等方面发挥了不可替代的重要作用。

目　录

一、中国天气气候特点

2015年，受超强厄尔尼诺事件影响，中国气温偏高，降水偏多，气候属正常年景。气象灾害属偏轻年份，因灾造成死亡人数和受灾面积明显偏少。全国年平均气温为10.5℃，较常年偏高0.95℃，为1961年以来最高。全国平均年降水量649毫米，较常年偏多3%。华南前汛期开始晚、雨季短、雨量偏少；西南雨季开始晚、结束晚、雨量少；梅雨入梅明显偏早，出梅显著偏晚，梅雨期降水显著偏多；华北雨季开始晚、结束早，降水量为近13年来次少；华西秋雨开始早、结束早、雨量偏少，北部出现空汛。全国大部地区日照时数偏少，部分地区偏少超过400小时。

二、气象服务支撑能力

2015年，中国气象局继续强化气象监测和预报预警业务能力建设，气象灾害监测能力、气象预报准确率和精准化水平总体稳中有升。

——基本气象监测能力不断加强。中国已基本建成天基、空基、地基三位一体的气象灾害立体监测网，在天气预报、气候预测、环境和自然灾害监测预警中发挥了重要作用，有力支撑了各项气象服务工作的开展。到2015年底，已形成由3颗“风云”极轨卫星、4颗“风云”静止卫星相结合的卫星组网观测能力；建成181部新一代天气雷达；建成L波段高空气象观测站120个、国家级地面气象观测站2423个、区域自动气象站57405个（其中海岛自动气象站373个）、海洋气象浮标站40个。全国自动气象站乡镇覆盖率达到95.88%。

——预报准确率稳定上升。24小时晴雨预报准确率达到87.3%（图2.1），强对流天气预警时效超过15分钟。全国汛期降水预测（6—8月）评分为76分，为2000年以来最高。24小时最高最低气温预报准确率均超过80%，最高气温预报准确率达80.6%，最低气温预报准确率达85.4%，均创2007年以来新高（图2.2）。

——台风预报准确率居世界前列。中国气象局24小时、48小时、72小时、96小时和120小时台风路径预报误差分别为66千米、121千米、180千米、243千米、330千米，各时效台风路径预报准确率

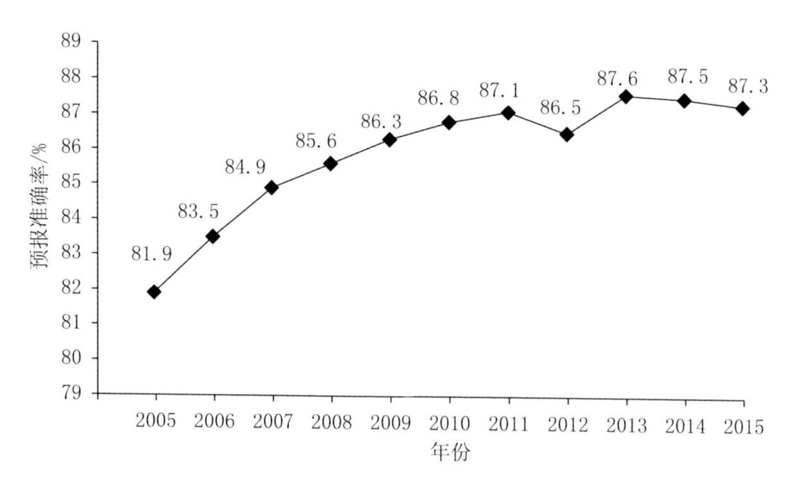

图 2.1 2005—2015 年全国 24 小时晴雨预报准确率趋势图

(数据来源:中国气象局)

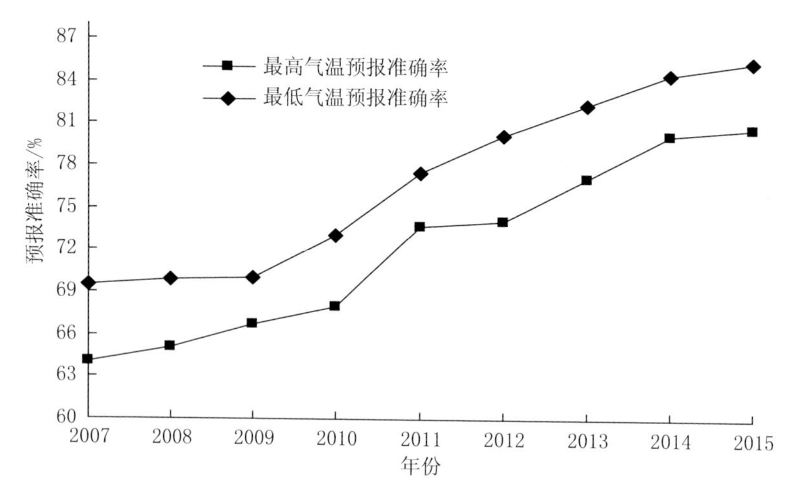

图 2.2 2007—2015 年全国 24 小时最高最低气温预报准确率趋势图

(数据来源:中国气象局)

均创历史新高,其中 24 小时台风路径预报误差为 66 千米,首次低于 70 千米(图 2.3),居于世界前列(同期美国和日本 24 小时台风路径预报误差均为 75 千米)。

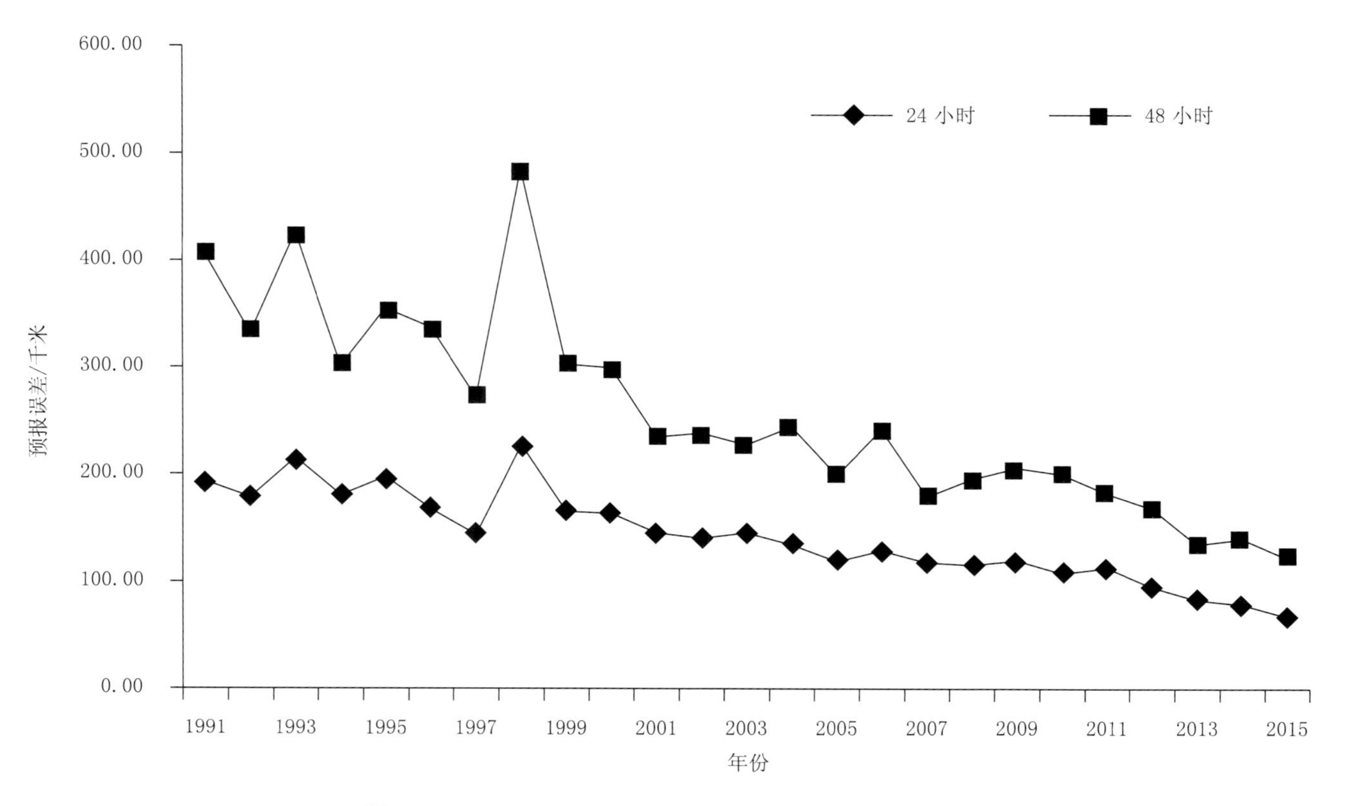

图 2.3 1991—2015 年中国中央气象台台风路径预报误差趋势图

（数据来源：中国气象局）

三、气象防灾减灾

2015年，中国“政府主导、部门联动、社会参与”的气象防灾减灾组织体系和工作机制继续完善，以预警信号为先导的重大气象灾害停课停工应急联动制度初步建立。气象灾害导致的死亡人数从“十一五”的年均2956人下降到“十二五”的1293人，灾害损失占GDP比重从1.02%下降到0.59%。

——**常态化应急气象服务取得实效。**2015年，中国气象局共启动应急响应15次，特别工作状态2次，响应时间达89天。为全力应对超强台风“彩虹”，广东省气象局启动了台风Ⅰ级应急响应，通过短信、微信、大喇叭等各种渠道将气象灾害预警信息迅速发布给公众。针对“东方之星”客轮翻沉事件、“8·12”天津港特别重大火灾爆炸事故、福建漳州古雷PX工厂爆炸事故、尼泊尔特大地震等突发事件，中国气象部门第一时间响应，为事件、事故应急处置提供针对性气象保障服务。圆满完成中国人民抗日战争暨世界反法西斯战争胜利70周年纪念活动、2022年冬季奥林匹克运动会申办、2015年北京国际田联世界田径锦标赛、福建第一届全国青年运动会等重大活动气象保障服务。

——**基层气象防灾减灾实现融入式发展。**深化农村气象灾害防御体系建设，推进将气象信息传播服务全面融入农村信息服务体系、将气象灾害防御全面融入农村社会综合治理体系。全国建有县级气象防灾减灾机构或气象为农服务机构2167个;1035个县将气象工作纳入地方“十三五”发展规划;2712个县制定了气象灾害应急专项预案,20840个乡镇制定了气象灾害专项预案,11.79万个村屯制定了气象灾害应急行动计划;1789个县出台了气象灾害应急准备制度管理办法,累计5.14万个重点单位或村屯建立了气象灾害应急准备制度。全国气象信息员超过76.7万名,村屯覆盖率达99.7%。乡镇气象信息服务站7.8万余个,农村高音喇叭43.6万套,乡村气象电子显示屏15.3万块。各级政府主办、气象部门承办、涉农部门协办的农村经济信息网已覆盖31个省(区、市)的270多个市(区)和1300多个县。2013—2015年共评选标准化气象灾害防御乡(镇)800个。

推动城市气象防灾减灾融入政府、部门、社会综合防灾减灾和公共服务体系,融入地方政府智慧城市、海绵城市和生态城市建设。在试点城市建立完善市、区、街道、社区(或重点单位)四级城市气象防灾减灾组织管理和应急预案体系。杭州等城市建立起“政府主导、规范管理、制度保障”的气象防灾减灾组织管理体系,保障了基层气象灾害防御有机构、有队伍、有投入。北京、武汉、广州、杭州、南京等城市将网格气象服务信息接入城市网格化服务管理系统,明确了网格员承担气象防灾减灾的相关职责。北京、上海、广州、深圳、杭州、宁波等城市建立了以预警信号为先导的联动响应机制,联合教育部门开展应对极端天气停课等措施安排。南京制定了《浦口区气象防灾减灾标准化社区建设标准》。

——推进气象灾害风险管理业务发展。全国已完成2190个县的暴雨洪涝灾害风险普查,完成了5860条中小河流、17759条山洪沟、12438个泥石流点、53589个滑坡点的风险普查,记录数据

1160245个，计算阈值120040个。北京等11个试点城市开展了城市内涝风险普查；湖北、安徽、江西、福建、广东开展暴雨洪涝灾害风险评估试点研究工作；完成近200个地级市的暴雨公式修订；初步建立全国一体化的气象灾害信息数据库；组织受台风影响的16个省（区、市）开展台风灾害风险区划业务，完成81个三级流域的中小河流洪水、48条山洪沟、16个省（区、市）省会城市内涝的气象灾害风险区划图谱。2015年，中国气象局与水利部联合发布山洪灾害气象风险预警67期。与国土资源部联合发布地质灾害气象风险预警2600余次，成功预报地质灾害452起。

——国家突发事件预警信息发布系统实现业务化运行。2015年5月1日，国家突发事件预警信息发布系统正式业务化运行。国家级实现了民政、安监、农业、国土资源、水利、交通等13个部门52类灾害预警信息的实时收集、共享和快速发布，31个省（区、市）均出台了预警信息发布管理办法。截至2015年12月31日，系统共发布预警信息23万条，并通过网络、短信、广播、电视、高音喇叭、显示屏等渠道广泛传播。

——推进海洋气象灾害监测预警信息发布工作。建立了国家、省、地、县四级精细化海洋气象服务系统和预警信息发布平台，每天发布海上强风、海雾、海上强对流、台风等海洋灾害性天气预报预警信息。在山东石岛、浙江舟山、广东茂名、辽宁大连、江苏南通、浙江宁波、浙江台州、海南三沙设立的8个海洋气象广播电台，覆盖了我国近海领域。在沿海地区村镇建成海洋气象灾害预警服务站2万多个，预警大喇叭2.4万个，发展海洋气象灾害信息员8.3万余名。深化与民政、农业、海事、海洋等部门的合作，积极推进海洋气象灾害监测预警信息发布资源的共建共用共享，形成海洋气象防灾减灾合力。

——人工影响天气成效显著。2015年，全国实施飞机人工增雨(雪)作业1006架次，飞行2620小时，开展地面人工增雨(雪)和防雹作业5.1万次，增雨目标区面积517万平方千米，防雹作业保护面积约61万平方千米。完成夏季东北、华北、陕西北部、山东等大范围抗旱，以及作物防雹、生态保护、森林防火等人工影响天气作业保障。制定实施人工影响天气业务现代化建设三年行动计划。建成国家级人工影响天气业务指挥平台和东北区域作业指挥系统。建成2架新舟60增雨飞机作业平台(图3.1)。建立北方1至2类典型天气系统层状云系的人工增雨作业概念模型。河北省购置3架增雨飞机，启动飞机人工增雨作业基地建设。河南省启动飞机人工增雨和科学实验郑州基地建设。北京、河南等省(市)将人工影响天气作业纳入政府购买公共服务清单。

图3.1　中国气象局首架新舟60增雨飞机

——部门合作推动气象防灾减灾。完善气象灾害预警服务部际联络员会议制度，建立重大气象灾害联合会商和以气象预报预警为先导的部门联动机制。水利部、农业部、国土资源部、国家安全生产监管总局、交通运输部等8个部委根据气象灾害预警信息启动应急响应，部署气象灾害防御联动工作。积极推动与民政部合作，推进国家突发事件预警信息发布系统应用，联合打造《中国减灾》科普宣传品牌。与水利部签署了《水利部 中国气象局联合发布山洪灾害气象预警备忘录》，在中国中央电视台新闻联播天气预报中联合发布山洪灾害气象预警信息。与国土资源部首次联合开展地质灾害应急演习，联合召开第一届地质灾害风险预警技术交流会议。与环境保护部建立全国和区域空气质量联合保障模式，环境气象预报精细化水平进一步提升，为应急减排提供重要决策支撑。与国家林业局签署全面合作框架协议，联合规范并发布森林火险气象预报预警。

四、公众气象服务

中国国家统计局调查显示，2015年，全国公众对气象服务各项评价指标较上一年均有明显提高。全国公众气象服务总体满意度为87.3分，较2014年提高1.5分，为2011年以来最高值。

——全国公众气象服务总体满意度创新高。全国公众气象服务总体满意度为87.3分，为2011年以来最高值（图4.1）。全国公众对气象信息发布的及时性、信息接收的便捷性、信息内容的实用性和天

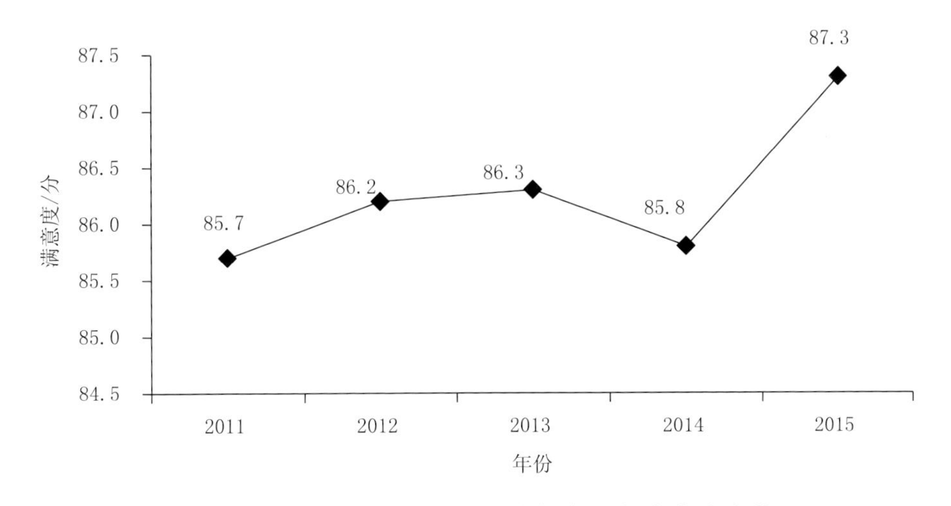

图4.1 2011—2015年全国公众气象服务满意度变化图

（数据来源：中国国家统计局）

气预报的准确性评价分别为 88.1 分、90.3 分、90.1 分和 78.4 分，较 2014 年均有所提高，特别是公众对天气预报的准确性评价较 2014 年提高 3.0 分。公众对气象信息发布的及时性、信息接收的便捷性和天气预报的准确性评价，均为 2011 年以来的最高值。

——气象灾害预警信息知晓率保持稳定。2015 年公众对气象灾害预警服务的满意度为 85.5 分(图 4.2)，对气象灾害预警信息的知晓率为 53.2%。在知晓气象灾害预警信息的公众中，有 82.1%的公众收到过气象灾害预警信息，较 2014 年提升 6.2 个百分点。

——基本气象资料和产品实现社会共享。中国气象局一直重视“气象资料和产品的社会共享”工作，在保证国家安全的前提下，逐步向全社会共享质量可靠稳定的基本气象资料和产品，对外公布《基本气象资料和产品共享目录(2015 年)》。2015 年 9 月 29 日，中国气象数据网开通，全面向社会用户提供便捷的数据服务、多维度目录导航服务、数据检索服务、可视化数据显示服务、开放的数据接口服务以及个性化数据定制服务。2015 年，中国气象数据网(含气象科学数据共享服务网主节点)的数据服务总量达 105.46 TB，全年访问人次超过 8214 万；新注册会员 15744 人，其中核心会员 1280 人。开展离线数据服务 1630 次，服务数据量约 70.77 TB。

——探索智慧气象服务。促进城市气象服务向智能化、个性化、互动式方向发展，探索开展智慧气象服务。推进大数据、云计算等先进技术在精细化预报、分区预警、灾害影响预报和风险预警中的应用。广州、武汉、南京等城市开发 1 千米×1 千米精细化气象服务产品在决策、公众气象服务中应用。深圳通过虚拟化技术，将气象云服

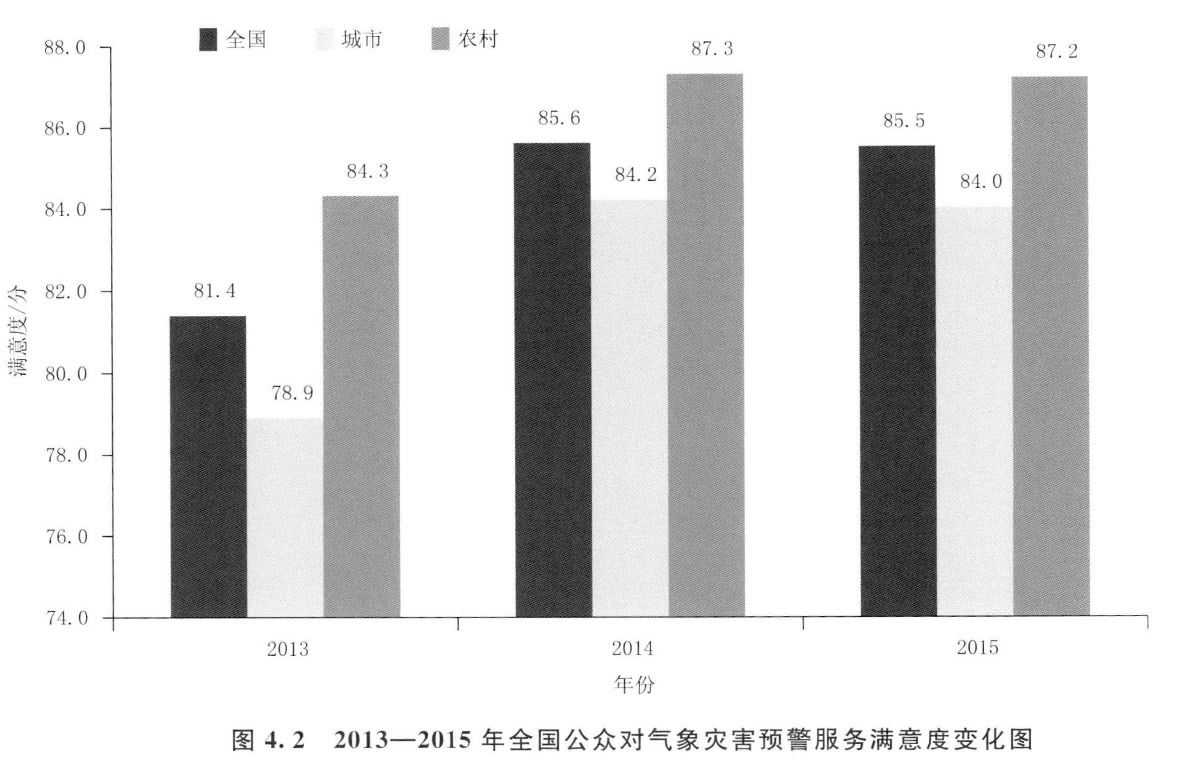

图 4.2　2013—2015 年全国公众对气象灾害预警服务满意度变化图

（数据来源：中国国家统计局）

务终端延伸到气象灾害应急指挥部门,打造“深圳气象云”服务平台。上海市初步开展了公众穿戴式大气感知装备研发和基于手机客户端、微信的个性化定制服务。安徽构建“锄禾网络社区”,推进新型农业经营主体“众包”气象服务,福建、江西、重庆等省(市)也大力开展基于“互联网+”的智慧农业气象服务。

——**提供分众化的公众气象服务。**基于不同用户需求提供有针对性的气象服务产品。向公众提供最长时效长达40天的天气趋势预报、基于位置的未来2小时分钟级降水预报产品、未来2小时雷达预报图、台风实时路径查询等公众预报服务产品。向滑雪爱好者、婴幼儿家长、女性等用户提供个性化专业预报服务产品;向出行公众发布国内52条高速公路及西部主要国道、全国主要机场的天气信息;发布全国蓝天预报产品;提供全国3A级以上景区精细化预报产品;提供啤酒指数、过敏指数、感冒指数、晾晒指数等34种生活气象指数。

——**公众气象服务手段日趋多样化。**中国气象网、中国气象频道、中国天气网、中国天气通已发展为有影响力的公众气象服务品牌。中国气象频道在31个省(区、市)的313个地级以上城市落地,覆盖1.2亿数字电视用户,4.3亿服务人口。国家级气象影视服务覆盖了中央电视台、新华社、中央人民广播电台、中国国际广播电台、凤凰卫视等28个广播电视媒体平台,每日首播节目152档。全年节目首播量为52506档,时长2095小时。中央电视台新闻联播天气预报是国内收视率最高的日播节目。中国天气网日最高浏览量达到4261万页,日均访问用户855万个,年总浏览量达84亿页。中国天气通用户超过 7900 万。全国气象服务热线(400—6000—121)用户拨打量 119239 人次,受理业务 25960 次。中国气象部门官方微博进入全国政务微博百强。中国气象局驻搜狐、新浪、网易、今日头条、人民日报等新闻客户端政务平台订阅用户数超过 700 万,居部委政务发布排行榜首位。

——**气象科普深入开展。**以普及气象防灾减灾、应对气候变化以及气象科技应用知识为重点,不断扩大气象科学知识的覆盖面和普及率。2015 年,全国制作图文、影视动漫、游戏、宣传品等各类气象科普宣传品 2999 种。全国 285 个气象科普教育基地共接待公众 385.5 万人次。新增校园气象站 274 个,参加校园气象科普活动的公众达 41.3 万人次。各级气象部门利用世界气象日、防灾减灾日等时机,组织开展特色气象科普活动 7751 次,邀请专家参加科普活动 13487 人次,参与公众达 381.8 万人次,累计发放各类宣传材料 915.6 万份。中国气象网、中国气象科普网荣获中国科协首批"科普中国"品牌网站称号。

五、行业气象服务

中国气象部门在加强公众气象服务的同时，积极开展面向具体行业领域的气象服务。目前，行业气象服务已涉及经济社会发展的多个领域。

——气象支农惠农力度加大。中国气象局在735个县实施了"三农"服务专项建设。458个县将气象为农服务工作纳入地方公共服务体系，330个县将气象为农服务工作纳入地方政府"十三五"发展规划，192个县将气象为农服务工作相关内容纳入政府购买服务指导性目录，236个县将气象为农服务相关工作纳入当地政府责任清单，469个县将气象为农服务经费纳入政府公共财政预算。河北等8个省73个县气象部门通过政府购买服务等方式，培育201家企业、215家社会组织开展气象为农服务，服务4.3万新型农业经营主体和128万农户。截至2015年底，共创建83个标准化现代农业气象服务县。各级气象、农业部门联合强化"直通式"气象服务，将84.2万新型农业经营主体纳入服务对象库，较2014年增加53.6%。安徽、重庆、江西、福建等地利用移动互联网技术，面向新型农业经营主体提供点对点智能型、个性化服务。全国376个县气象与农技部门合作，联合推广了532项农业防灾增产、气候资源利用等农业气象适用技术，累计推广面积2000万亩[①]。全国40个农业气象试验站针对粮食作物及当地特色经济作物研发推广了60多项农业气象适用技术。

——新疆生产建设兵团和黑龙江省农垦总局提供本地化特色服务。新疆生产建设兵团气象局提供春播期、夏秋季、终霜期等关键期天气预报服务和年景分析产品，并针对夏季高温天气、春季倒春寒、秋冬季冷空气入侵转发气象部门多期预警。开展人工防雹作业1065次，增雨作业68次。黑龙江省农垦总局下属各级气象台站完成物候观测100余站次，土壤墒情观测1300余站次。完成黑龙江垦区“主要作物气候区划”、“三江平原地区降水分布及预报”、“三江平原旱涝分析”、“垦区五大作物最大气候生产潜力”、“气象服务垦区现代化大农业研究”等课题研究。垦区全年组织实施人工增雨防雹作业714次，投入资金2000余万元，防控面积4000万亩。

——交通气象服务向精细化和风险预警转变。完成了全国主要高速公路以及西部重要国、省干道交通气象灾害风险普查。开展公路交通精细化预报和交通气象灾害风险预警试点，在华北和华东区域为交通管理部门和社会提供3小时间隔、空间分辨率10千米的精细化气象要素预报服务。江苏、河北、安徽等省开展了交通气象短时临近预报业务，建立了低能见度、雷雨大风、短时强降水、路面高温、道路结冰等高影响天气0～2小时的临近预报预警业务，基于数值模式产品释用技术研发了空间分辨率3千米×3千米的逐小时交通气象精细化预报服务产品。与交通运输部联合加强专业观测站点建设和气象服务预报预警工作，在公路交通气象预警平台建设、公众出行

① 1亩=667平方米

信息网络建设、重大公路交通气象预警和节假日交通气象服务等方面均取得了显著成效。

——航空气象服务提升飞行安全保障能力。中国民用航空局优化整合航空气象服务流程，细化了大面积航班延误应急响应机制气象服务工作程序和内容，根据需要及时发布各类航空天气预警，完成机场起飞预报和未来6小时逐时预报编发平台开发工作。改进航空气象综合服务平台，开发全国民航机场未来0～24小时逐小时气温预报产品。通过电视、网络媒体对旅客、公众提供航空天气信息服务。中国气象频道开始直播讲解民航天气节目。中国民航气象系统全年共保障各类飞行781万架次，同比增加5.7%，在确保飞行安全和航班正常等方面发挥了重要作用。

——旅游气象服务为旅游资源开发提供支撑。通过中国旅游天气网向社会提供全国主要景区天气预报、旅游出行气象信息、旅游景观预报等5类20多种服务产品，实现了灾害性天气预警信息在全国3A级以上景区的全覆盖。湖北、湖南、安徽等地开展了景区灾害性天气监测预警工作，实现了景区旅游与气象信息的综合发布。与中国旅游研究院、西藏自治区旅游委合作开展“纳木错国家气象公园”的规划建设工作，打造中国首个高原湖泊型国家气象公园。

——科技引领能源气象服务。初步建立国家级业务单位提供科技支撑和产品研发，省级服务机构对外拓展业务并及时反馈用户需求的良性互动机制。针对电网开展精细化气象要素预报服务，并提供重点输电线路1千米分辨率基础要素预报。针对电网气象致灾事件开展预报预警服务，建立风偏、污闪、舞动等电力气象灾害的预报预警模型研究，完成电网故障—气象因素的关联模型和指标判别。完成电力气象预报预警平台建设，实现气象业务服务系统与电网决策系统的对接，提升气象服务在电网防灾应急中的及时性和自动化水平。开发完成太阳能资源可开发量评估系统，得到中国陆地太阳能资源可开发地区 10 千米分辨率的太阳能资源图谱。推出风电场 7 天数值预报产品，探索月尺度风电预报技术。研究太阳能预报总辐射短时临近预报，改进地面辐射订正方法，订正后误差减小 20%。

六、应对气候变化

2015年，中国气象局立足应对气候变化基础性科技部门定位，进一步突出气象部门在国家气候变化科学基础、政策制定和决策支撑服务中的特色和优势，不断提升应对气候变化支撑保障能力。

——参与国家气候变化政策制定。积极参加国家气候变化政策制定，在《城市适应气候变化的行动方案》、《中国应对气候变化的政策与行动》等重要文件编制中发挥科技支撑作用。积极参与第三次《气候变化国家评估报告》部门评审工作。编制发布了《中国极端天气气候事件和灾害风险管理与适应国家评估报告》、《气候变化绿皮书(2015)》、《中国气候公报(2014年)》、《中国气候变化监测公报(2014)》，出版了《中国未来极端气候事件变化预估图集》。

——支撑国家气候变化专家委员会工作。国家气候变化专家委员会办公室设在中国气象局。围绕国家需求，发挥应对气候变化基础性作用，有力支撑国家气候变化专家委员会相关工作。专家委员会重点围绕“巴黎协议”的达成以及国内应对策略的实施开展咨询研讨，形成多份咨询报告。组织专家委员会委员赴贵州、河南就低碳发展等问题开展专题调研，赴英国、瑞典就气候变化和能源领域有关政策与实践开展国际交流，参加巴黎气候变化大会并签署中英气候变化风险评估协议，举办中法两国高层专家交流研讨会。

——**服务国家经济发展。**完成重大项目气候可行性论证 724 项。组织编制了工程项目采暖通风和空气调节气象参数分析、城市通风廊道规划等气候可行性论证技术指南。完善气候可行性论证业务系统，实现气象极值重现期计算、核电站设计基准龙卷风计算评估、暴雨强度计算等功能，并在各地推广使用。改进了高分辨率风能、太阳能监测、评估和预报技术，全国共为 600 多个风电场、太阳能电站提供预报服务。组织完成全国贫困县的光伏发电资源评估报告，11 个省(区)气象局已开展光伏扶贫气象服务，为国家光伏扶贫工作提供决策支撑。组织开展气候变化对农业、林业、畜牧业、人体健康、城市建筑能耗等重点行业及地方特色产业的影响评估，为地方应对气候变化工作提供有针对性的决策服务。

——**服务政府针对性改善空气质量。**建成以污染天气指数、静稳天气指数、大气环境容量为核心的大气污染扩散评价指标体系，开展重污染天气过程以及空气污染气象条件事前、事中和事后评估，实现了气象条件与污染调控措施对空气质量改善影响的分类定量化评估，为政府决策提供有针对性的防治减排建议。研发空气质量诱发呼吸系统疾病的风险预报技术，首次联合卫生部门发布上海环境气象疾病风险预警产品。

——**服务国家生态文明建设。**实现中国区域植被、地表温度等基本要素业务化监测，开展逐日全国火点监测、主要内陆湖泊和水库的水体范围变化、积雪监测。基于高分辨率卫星资料，构建了 16 米分辨率的全国遥感影像底图。开展天气气候对全国草原、森林和陆地植被生产力、覆盖度、生态状况的影响分析和监测评估。制作发布全国陆地植被生态气象监测报告。围绕气候变化、生态保护，不定期评估气候变化对中国草原、陆地植被等生态质量的影响，向国家有关部委呈报专题气象服务报告。开展了"绿镜头·发现中国"系列采访活动,联合中国国家级主流媒体,深入各地挖掘生态文明建设的实践和探索,为推动国家生态文明建设提供舆论支持。

七、气象服务体制改革

2015 年，气象部门认真贯彻落实党的十八届三中、四中和五中全会精神，全面深化气象改革、全面推进法治建设，激发公共气象服务市场活力，依法规范公共气象服务行为，全面提升公共气象服务能力和水平，成效凸显。

——依法规范公共气象服务成效显著。中国气象局高度重视公共气象服务的法治建设，截止 2015 年底，已初步建成了以《中华人民共和国气象法》为核心，由《人工影响天气管理条例》、《气象灾害防御条例》和《气象设施和气象探测环境保护条例》等 3 部行政法规、27 部（有效 17 部）部门规章、212 部地方性气象法规和地方政府气象规章以及国际气象公约构成的相互联系、相互补充、协调一致的气象法律体系，为依法规范公共气象服务发展奠定了坚实的法治保障。加强气象预报传播和气象信息服务的监督管理，出台了《气象预报发布与传播管理办法》和《气象信息服务管理办法》等部门规章，上海、广东等地出台了气象信息服务单位备案管理办法等制度。

——深化气象服务体制改革。注重发挥政府和部门主导作用，推动政府购买公共气象服务。探索建立事权与支出责任相适应的公共气象服务财政保障机制和纳入政府绩效考核机制。探索利用市场机制推动专业气象服务、气象为农服务社会化新模式。成立中国气象服务协会。鼓励社会媒体依法传播气象预报，培育气象信息服务市场，向社会公布基本气象资料和产品共享目录，2170个地面气象站点资料向社会公开。

——强化气象服务社会监管。编制印发《气象信息服务市场监管体系建设专项工作方案》，推动建立健全气象信息服务市场监管的制度体系和标准体系。完成《涉外气象信息服务许可管理办法》及其配套文件的编制。上海市气象局出台《上海市气象信息服务单位备案管理办法》。气象服务市场监管标准规范体系建设取得积极进展，按计划完成了首批四项气象信息服务市场监管标准。围绕气象现代化和改革需求，加快推进气象预报传播服务质量评价等标准的制修订，组织推进人工影响天气、防雷、公共气象服务等领域4个国家级标准化试点项目建设。全年共发布气象行业标准60项，气象领域国家标准5项。

结束语

2015年，全国气象部门圆满完成了公共气象服务各项重点任务，获得党中央、国务院和各地党委、政府及社会各界的充分肯定。

2016年，各级气象部门将按照“四个全面”战略布局，牢固树立和落实创新、协调、绿色、开放、共享的发展理念，突出抓好气象灾害防御，突出抓好气象服务保障民生，突出抓好气象服务供给能力提升，突出抓好应对气候变化，继续探索发展“智慧气象”，不断提高气象发展的质量和效益，努力提升气象保障全面建成小康社会的能力和水平。

附　　录

国家级气象信息主要获取渠道

1. 中国天气网:http://www.weather.com.cn
2. 中国气象频道
3. 中国气象网 http://www.cma.gov.cn
4. 中国天气通:http://3g.weather.com.cn
5. 国家突发事件预警信息发布网:http://www.12379.cn
6. 中国中央电视台新闻联播天气预报
7. 中国气象数据网:http://data.cma.cn
8. 全国气象服务热线电话:4006000121

ISBN 978-7-5029-6433-7

定价：18.00 元